农业生态实用技术丛书

有机茶园

茶-草-菌套种技术

YOUJI CHAYUAN CHA - CAO - JUN TAOZHONG JISHU

农业农村部农业生态与资源保护总站　组编

韩海东　黄毅斌　黄秀声　主编

中国农业出版社

北　京

本书编写人员

主　　编　韩海东　　黄毅斌　　黄秀声

副 主 编　李振武　　池有忠　　应朝阳

参编人员　刘用场　　林永生　　杨　菁

　　　　　黄小云

审　　稿　黄秀声　　李振武

序

中共十八大站在历史和全局的战略高度，把生态文明建设纳入中国特色社会主义事业"五位一体"总体布局，提出了创新、协调、绿色、开放、共享的发展理念。习近平总书记指出："走向生态文明新时代，建设美丽中国，是实现中华民族伟大复兴的中国梦的重要内容。"中共中央、国务院印发的《关于加快推进生态文明建设的意见》和《生态文明体制改革总体方案》，明确提出了要协同推进农业现代化和绿色化。建设生态文明，走绿色发展之路，已经成为现代农业发展的必由之路。

推进农业生态文明建设，是贯彻落实习近平总书记生态文明思想的必然要求。农作物就是绿色生命，农业本身具有"绿色"属性，农业生产过程就是依靠绿色植物的光合固碳功能，把太阳能转化为生物能的绿色过程，现代化的农业必然是生态和谐、资源可持续、环境友好的农业。发展生态农业可以实现粮食安全、资源高效、环境保护协同的可持续发展目标，有效减少温室气体排放，增加碳汇，为美丽中国提供"生态屏障"，为子孙后代留下"绿水青山"。同时，农业生态文明建设也可推进多功能农业的发展，为城市居民提供观光、休闲、体验场所，促进全社会共享农业绿色发展成果。

农业生态文明思想起源于古老的中国，中国自春秋时期就懂得用地养地的道理以及物理杀虫、人工除草等做法。农牧结合、稻田养鱼、桑基鱼塘等农业生态模式在历史上曾经极大推动了文明和经济的发展。当前，我国农业生态文明建设已进入提供更多优质生态产品以满足人民日益增长的优美生态环境需求的攻坚期，也到了有条件、有能力发展环境友好农业的窗口期。多年来，从事农业生态研究的学者和实践者扎根农业生产一线，按"整体、协调、循环、再生"的原则，围绕农业生态文明建设开展了广泛、系统的实践和研究，探索总结出了丰富多样的应用技术。

为推广农业生态技术，推动形成可持续的农业绿色发展模式，从2016年开始，农业农村部农业生态与资源保护总站联合中国农业出版社，组织数十位业内权威专家，从资源节约、污染防治、废弃物循环利用、生态种养、生态景观构建等方面，多角度、多要素、多层次对农业生态实用技术开展梳理、总结和归纳，系统构建了农业生态知识体系，编写形成了《农业生态实用技术丛书》。丛书中的技术实用、文字简洁、步骤详尽、脉络清晰，技术可推广、模式可复制、经验可借鉴，具有很强的指导性和适用性，将为广大农民朋友、农业技术推广人员、管理人员、科研人员开展农业生态文明建设和研究提供很好的参考。

张福锁

2020年4月

福建省山多地少，山地丘陵占全省土地面积的85％以上，这为发展山地经济作物提供了天然的条件。福建省的茶产业就是在这样得天独厚的条件下快速发展起来的，主要产茶县（市）安溪、福安、福鼎在全国264个茶叶主产县的县域茶产业发展综合实力10强中分别列在第一、第三和第七位，全省在全国茶产业发展综合实力评价中名列第一。但是，茶产业的快速发展也给福建省的生态造成严重的破坏，导致茶园水土流失严重，全国乌龙茶地理标志产品保护区域却成了全省重点水土流失治理区域，茶产业的发展受到了严峻的挑战。有机农业是在严格遵守特定的农业生产原则，遵循自然规律和生态学原理，协调种植业和养殖业平衡的基础上，采取一系列可持续的农业技术来维持农业生态系统持续稳定的一种农业生产方式，生产过程严禁使用农药、化肥、生长调节剂、饲料添加剂等物质。因为有机农业将土壤、植物、动物、人类和整个地球视为一个不可分割的整体，只有这个整体的每一分子都健康，整体才能健康。有机农业采取了一系列可持续的农业技术来保障有机生产单元生产出高质量和富有营养的有机产品。因此，有机农业的四大原则符合福建省茶产业在新时代"绿水青山就是金山银山"的绿色发展理念。

前言

　　中国特色社会主义进入了新时代，党的十九大对我国社会主义现代化建设做出新的战略部署，并明确以"五位一体"的总体布局推进中国特色社会主义事业，全党、全国自觉主动贯彻"绿水青山就是金山银山"的绿色发展理念，大力推进生态文明建设，坚持人与自然和谐共生，坚持节约资源和保护环境的基本国策，实行最严格的生态环境保护制度。建设生态文明是中华民族永续发展的千年大计，为人民创造良好的生产生活环境，为全球生态安全做出贡献。

　　有机农业在发挥其生产功能的同时，关注人与生态系统的相互作用以及生态环境、自然资源的可持续管理。有机农业基于健康的原则、生态学的原则、公平的原则和关爱的原则，倡导人与自然和谐共生，保护生物多样性和农业多样性，以维持生态平衡，以符合社会公正和生态公正的方式管理自然资源与生态环境，并造福子孙后代。因此，发展有机农业符合中国特色社会主义新时代绿色发展理念的要求，值得在农业生产中应用推广。

本书旨在通过对有机农业发展的介绍和福建省发展有机茶园重要性的阐述，结合有机农业的关键技术"种养平衡"，提出在有机茶园套种护坡草、绿肥及用有机茶园内的再生物质栽培食用菌，再将食用菌栽培菌渣回归有机茶园，从而在增加茶园生物多样性的同时提高土壤肥力的一种有机生态循环农业技术，即茶-草-菌套种技术。书中详细介绍茶-草-菌套种体系中适宜种植的护坡草、绿肥及食用菌的品种与主要栽培技术、套种技术。

编　者

2019年6月

目 录

一、概　述

本部分主要介绍了有机农业和有机茶园的概念、发展现状、发展的必然性以及有机生产中主要的农业技术。根据《中国有机产业发展报告》可知：经过20多年的发展，有机茶是我国有机产品中发展最好、经济效益较高的作物之一，到2013年，有机茶园认证基地面积上升至75万亩*。福建省的茶产业无论是省份还是县域在全国的地位都是举足轻重的，并以福建省有机茶产业的发展为例简要阐述发展有机茶园的重要性。

（一）有机农业

1.有机农业概念

有机农业强调对生态环境的保护和减少不可再生资源的使用，在生产过程中完全不使用化肥、农药、生长调节剂等合成物质，也不使用基因物质及其产物，其核心是建立和恢复农业生态系统的生物多样性和良性循环，以维持农业的可持续发展。

＊　亩为非法定计量单位，15亩＝1公顷。

有机农业的概念是在20世纪20年代由德国和瑞士首先提出，之后长时期内，由于整个世界都面临着粮食生产不足，因而有机农业未能得到推动和发展。20世纪80年代后，发达国家农产品极度过剩，导致农业生产效益低下。同时，由于大量施用化肥、农药和其他有害化学物质，生态环境遭到破坏，农产品受到污染；加上人民对生活质量的要求和对身心健康的关心逐步提高，人们开始重视有机农业。此后，有机农业的概念开始被广泛接受，并进入了快速发展的阶段。在2011年的国际有机农业运动联盟（IFOAM）会员大会上，授权IFOAM领导全球有机农业朝着可持续的方向发展。IFOAM世界理事会于2012年启动了有机农业可持续发展行动网络（SOAAN），采取通过鉴定有机农业区域是否为可持续发展和哪些地区需要投入更多力量来发展可持续农业的方式，来支持有机运动，目标是为提高可持续发展、增强有机生产，为其他社会标准和环境标准的综合影响力做出贡献。IFOAM认为，有机农业的发展需要遵循健康、生态、公平、关爱四项原则，这四项原则是有机农业得以成长和发展的根基，有利于实现不同国家和地区发展有机农业的目标和共同愿景。

2.有机农业发展现状

根据世界最大和最著名的有机农业咨询机构——有机农业研究所（FiBL）对有机标准认证实

施规则的调查，全球已经制定了有机标准的国家上升至86个，还有26个国家正在起草法规的过程中。1999—2011年，世界有机农业用地面积呈递增趋势，如图1所示。截至2011年底，全球以有机方式管理的农业用地面积为3720万公顷（包括处于转换期的土地）。其中，大洋洲最多，面积为1220万公顷，占32.7%；其次是欧洲，面积为1060万公顷，占28.6%；拉丁美洲位于第三，面积为690万公顷，占18.4%；接下来依次是亚洲370万公顷，占10.0%，北美洲280万公顷，占7.5%，非洲110万公顷，占2.9%（图2）。而位于世界前三甲的国家是澳大利亚（1200万公顷）、阿根廷（380万公顷）和美国（195万公顷），中国位居第四（190万公顷），如图3所示。

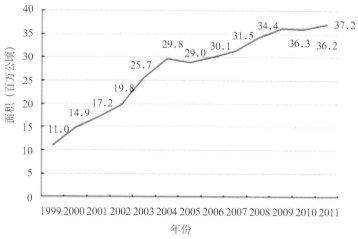

图1　1999—2011年世界有机农业用地面积发展情况

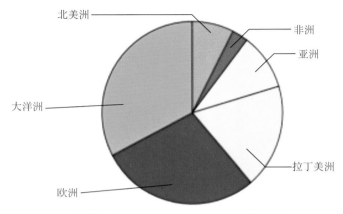

图2　2011年世界有机农业用地分布

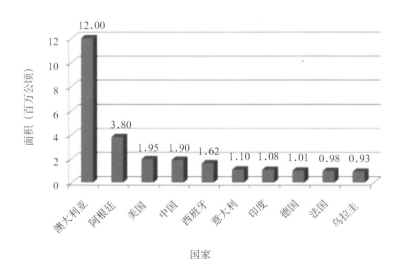

图3　2011年世界有机农业用地面积居前十位的国家

根据"有机观察"估计，2011年有机食品（含饮料）的销售额达到了630亿美元，与2002年相比，市场约扩大了170％。有机食品的需求主要集中在北美洲和欧洲，全球最大的有机市场依次为美国（210.38亿欧元）、德国（65.90亿欧元）和法国（37.56亿欧元）（图4）。全球有机食品北美洲和欧洲这两个地区的市场需求占了全球整个有机市场的96％，而亚洲、拉丁美洲和非洲生产的有机食品主要用于出口。

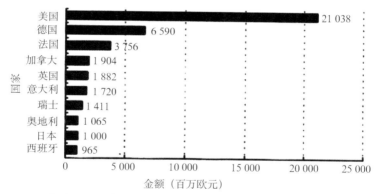

图4 2011年世界有机食品销售额居十位的国家

2010年，IFOAM通过创建有机标准的共同目标和要求（COROS）体系来引领世界有机行业的方向。凡是与COROS等效的标准都可以纳入IFOAM的标准中，以此来划分有机和非有机的界限，这些标准由于等效于COROS，因此成为有机保障体系的重要组成部分。为了便于长远管理，IFOAM为按有机保障体系操作者生产的产品提供了一个品牌标志——全球有机标志。

2011年，全球有机认证机构有549个，2012年增加到576个。绝大多数的有机认证机构位于欧洲以及韩国、日本、中国、印度和加拿大，亚洲的有机认证机构数量首次超过欧洲。

2012年，有机农业的里程碑事件是美国和欧盟两大经济体签署了有机农产品的互认协议，这个协议使得在欧盟或美国认证的有机农产品（除少部分外）在对方的市场上进行销售时，可以不再经过认证机构的进一步检查和认证。同年，IFOAM与泰国、马来西亚开始合作，帮助首批具有代理性质的组织推动全球有机标志在它们各自的国家进行传播。IFOAM期望通过其他国家的代理或者IFOAM总部的努力，在各国促进"全球有机标志"的使用。

3.发展有机农业的客观必然性

（1）市场需求和政府重视是主要驱动力。随着我国有机产业发展的日益成熟和消费水平的提高，有机产品的市场从1999年以前的95%均为出口变成国内消费者需求的日益增加，从而通过带动地方经济发展引起各级政府的重视。各级政府也相继制定各种政策引导、鼓励、扶持有机农业，把发展有机农业作为提高农产品质量安全水平、增加农民收入、保护和改善生态环境、建设社会主义新农村的重要途径。因此，国内消费市场对有机产品需求的日益增加以及政府的重视是有机农业发展的双重驱动力。

（2）可持续发展的客观要求。世界农业和我国农业发展过程中引发的自然资源耗竭、生态环境恶化等问题让领导者对农业生产的价值与功能进行重新审视：关注生产效益和经济效益的同时应更加关注农业生产对资源、环境和消费者安全的可持续发展，以生态和环境友好技术为主要特征的有机农业，作为生物多样性、可持续发展、解决食品安全问题的一条可实践的途径，不仅成为全球农业的一个重要发展趋势，也为生态农业和绿色食品在我国的发展奠定基础。

（3）食品安全的需求。常规农业过量使用化肥、农药、兽药及添加剂等引发了一系列触目惊心的食品安全事件及对生态环境的严重破坏引起了领导者的重视。有机农业对投入品的严格控制如不允许使用化学合成物，比如化肥、农药、兽药、转基因品种和种子、防腐剂、添加剂等，对农业生产的生态系统采取长期保持和提高土壤肥力与防治病虫害的管理方法，避免了对环境和社会的潜在不利影响，从而使担心食品安全和生活水平提高的消费者对有机产品的需求日益增强，进而推动有机农业的发展。

4.有机农业主要技术

（1）有机生产产地环境要求。有机标准（GB/T 19630.1—2011）关于环境基地的要求：有机生产需要在适宜的环境条件下进行，有机生产基地应远离城区、工矿区、交通主干线、工业污染源、生活垃圾场等。在该环境中，有机生产单元是一个整体，为了防止有机生产受到污染的风险，有机标准中要求有机生产单元周围必须设置缓冲带来将有机生产单元和常规生产区域进行有效隔离，且缓冲带上的植物不能认证为有机产品。在土壤和水资源的利用上应充分考虑其可持续性，应根据当地的实际情况制定合理的灌溉方式（滴管、喷灌、渗灌等），这种可持续性的灌溉方式也符合中央新时期治水方针对水土保持提出的新要求，即习近平总书记2015年2月10日主持召开中央财经领导小组第九次会议时，明确提出保障水安全，关键要转变治水思路，按照"节水优先、空间均衡、系统治理、两手发力"的方针治水。有机农业在强调产品本身有机完整性的同时也强调要保护生态环境。严禁通过毁林、毁草、非法开荒等方式来发展有机种植，而获得有机认证的农场是禁止随意焚烧秸秆的，以破坏生态环境为代价发展有机农业违背了有机农业的宗旨。生产产地水土流失明显又未采取有效的水土保持措施，这样的生产产地不能被认证为有机基地。

（2）土壤的培肥管理技术。有机农业理论认为作物赖以生存的土壤中有动物和微生物，是一个活的生命系统，作物吸收养分是先给土壤"喂"肥，再通过土壤中的微生物分解后供给作物养分，而现代农业中化肥的施用则是直接给作物提供养分，这在有机农业中是禁止采用的。因此，有机生产中养分的循环过程是个相对封闭的系统，要求有机肥应尽可能的来自于有机生产单元系统内，即有机生产单元中的所有有机物质要尽可能回归土壤，同时在轮作计划中要包含豆科作物和豆科绿肥，作为土壤氮源补充的重要作物，并在有机生产过程中尽可能减少土壤的养分流失，提高土壤养分的利用率。为此，有机农业生产强调协调种植业和养殖业的平衡，通过种养平衡回收、再生和补充土壤有机质、养分来补充因作物收获从土壤带走的有机质、养分。

（3）病虫草害的生物、物理防治技术。有机农业理论认为，一个良好的有机生产系统是不会有严重的病虫草害问题，病虫草害的出现往往是耕作不适当的信号，如作物种植单一化、品种缺乏多样性、施肥不当、农药使用对植物益虫的影响等。因此，在作物的病虫草害防治方面，有机农业倡导应用生态学原理和方法，实行以农艺措施为主、生物和物理防治为辅的健康栽培技术，而应对作物种植单一化问题，在有机农业中采取的农业措施有轮作倒茬和间套作等技术。有机标准（GB/T 19630.1—2011）在栽培中规定：一年生植物应进行三种以上作物轮作，一年种植多季水稻的地区可以采取两种作物轮作，冬季休耕的地区可不进行轮作。合理轮作、间（混）作和套种可以改善田间小气候和生态环境、增加生物多样性、降低敏感性植物的密度以减少病菌侵染机会，同时利用特定颜色或敏感背景、植物分泌物、机械隔离和小气候等也可以达到有效防治病虫草害的目的。

（4）野生植物采集中强调可持续性。采集的野生农产品也在有机产品的认证范围内。为了保护人类赖以生存的生态环境，有机标准（GB/T 19630.1—2011）中对野生植物采集特别强调了"可持续"。野生植物的采集方法和采集量都必须在适度的范围内，采集方法不能对野生植物的生长及其环境产生破坏性影响，采集量也必须要小于采集区域内生态系统可持续生产的产量，从而防止因野蛮采集造成野生物种的衰退和灭绝，进而造成生态系统的破坏，引起水土流失等自然灾害。

由此可见，有机农业遵循的是自然规律和生态学原理，强调人类与自然是一个整体，应和谐相处，共同协调发展。有机生产中允许使用的常用投入品见表1。

表1　有机生产中允许使用的常用投入品

类　别		名称和组分	使用条件
土壤培肥和改良物质	植物和动物来源	植物材料（秸秆、绿肥）	
		畜禽粪便及其堆肥（包括圈肥）	经过堆制并充分腐熟
		畜禽粪便和植物材料的厌氧发酵产品（沼肥）	
		草木灰	作为薪柴燃烧后的产品
		蘑菇培养料和蚯蚓培养基质	培养基的初始原料来自有机植物生产中允许使用的投入品并经过堆制
		饼粕	不能使用经化学方法加工的产品
	矿物来源	磷矿石	天然来源，镉含量不超过90毫克/千克五氧化二磷
		钾矿粉	天然来源，未经化学方法浓缩。氯含量少于60%
		硫黄	天然来源，未经化学处理、未添加化学合成物质

（续）

类　别		名称和组分	使用条件
土壤培肥和改良物质	矿物来源	石灰石、石膏	天然来源
		氯化钠	天然来源
		石灰	天然来源
	微生物来源	可生物降解的微生物加工副产品，如酿酒和蒸馏酒行业的加工副产品	未添加化学合成物质
		天然存在的微生物提取物	未添加化学合成物质
植物保护产品	植物和动物来源	楝素（苦楝、印楝等提取物）	杀虫剂（鳞翅目害虫）
		天然除虫菊素	杀虫剂（刺吸式害虫）
		苦参碱	杀虫剂（广普）
		鱼藤酮类	杀虫剂
		植物油（薄荷油、松树油、香菜油）	杀虫剂、杀螨剂、杀真菌剂、发芽抑制剂
		天然诱集和杀线虫剂（如万寿菊、芥子油、孔雀草）	杀线虫剂
		天然酸（如食醋、竹醋、木醋）	杀菌剂
		具有驱避作用的植物提取物（如花椒、大蒜、辣椒、薰衣草、艾草等）	驱避剂
		昆虫天敌（如赤眼蜂、瓢虫等）	控制虫害
	矿物来源	铜盐（如硫酸铜、氢氧化铜等）	杀菌剂，防止过量引起铜的污染
		石硫合剂	杀真菌剂、杀虫剂、杀螨剂
		波尔多液	杀真菌剂，每年每公顷铜的最大使用量不超过6千克
		氢氧化钙（石灰水）	杀真菌剂、杀虫剂

（续）

类　别		名称和组分	使用条件
矿物来源	矿物来源	硫黄	杀真菌剂、杀螨剂、驱避剂
		高锰酸钾	杀真菌剂、杀细菌剂，仅用于果树和葡萄
	微生物来源	真菌及真菌提取物（如白僵菌、木霉菌等）	杀虫、杀菌、除草剂
		细菌及细菌提取物（如苏云金芽孢杆菌、枯草芽孢杆菌等）	杀虫、杀菌、除草剂
		病毒及病毒提取物（核型多角体病毒等）	杀虫剂
	其他	氢氧化钙	杀菌剂
		二氧化碳	杀虫剂，用于贮存设施
		乙醇	杀菌剂
		海盐和盐水	杀菌剂，仅用于种子处理，尤其是稻谷
		明矾	杀菌剂
		软皂（钾肥皂）	杀虫剂
	诱捕器、屏障	物理措施（如色彩诱器、机械诱捕器）	
		覆盖网	
清洁剂和消毒剂		醋	设备清洁
		乙醇	设备清洁
		漂白剂	可用于消毒和清洁食品接触面
		肥皂	仅限于可生物降解的，允许用于设备清洁
		高锰酸钾	设备消毒

（二）有机茶园

1.有机茶园概念

生产单元（茶园）远离城区、工矿区、交通主干线、工业污染源、生活垃圾场，其周围的空气、茶园的土壤及灌溉水符合有机标准（GB/T 19630.1—2011）要求，并按照该标准对茶园建立管理体系，在茶园种植管理全过程严禁转基因技术，严禁使用化学合成的农药、化肥、生长调节剂、饲料添加剂等物质。同时，茶鲜叶的采收、运输、存放全过程必须符合有机标准（GB/T 19630.1—2011）要求，这样的茶叶生产单元才能被认证为有机茶园。

2.有机茶园发展现状

我国有17个产茶省份：福建、四川、云南、浙江、贵州、湖北、湖南、安徽、广东、陕西、河南、广西、江西、山东、重庆、江苏、甘肃，采用主成分分析建立的权重评价模型，最后评出综合实力前5强的省份依次是：福建、四川、云南、浙江、贵州。同样，福建的安溪、福安、福鼎在全国264个茶叶主产县的县域茶产业发展综合实力10强中分别列在第一、第三和第七位。因此，无论是省份还是县域，福建的茶产业在全国的地位都是举足轻重的，以福建茶产业来说明有机茶园的发展现状具有一定的代表性。

福建是我国有机茶生产较早、规模较大的省份之一，2001年就开始开展有机茶认证工作。根据中国食品农产品认证信息系统统计，截至2015年3月，全省通过有机茶认证的企业有112家，有效的认证证书193本，认证面积3 134.3公顷，认证鲜叶产量9 402.9吨，认证加工产量1 589.8吨（表2）。泉州、南平、宁德三市有机茶生产的企业数、认证面积、鲜叶产量、加工数量位列前三。通过有机认证的茶类主要有乌龙茶、白茶、红茶、绿茶和花茶。

表2　2014年福建省有机茶认证情况

地级市	认证证书（本）		认证企业（个）	认证面积（公顷）	认证鲜叶产量（吨）	认证加工产量（吨）
	有机	转换				
泉州市	31	21	34	1 197.7	3 593.0	402.1
南平市	27	23	27	684.1	2 052.2	334.2
宁德市	21	9	17	564.6	1 693.7	260.9
漳州市	20	6	14	353.3	1 059.8	243.5
福州市	6	8	7	72.4	217.3	66.2
厦门市[*]	2	1	2	25.4	76.3	201.8
莆田市	2	1	2	78.3	235.0	17.5
龙岩市	3	2	4	75.8	227.5	18.0
三明市	0	10	5	82.7	248.1	45.6
合计	112	81	112	3 134.3	9 402.9	1 589.8

注：认证面积按3吨/公顷鲜叶产量折算而成。*厦门市认证加工产量与认证鲜叶产量出现倒挂是由于大量鲜叶调入加工造成。

全省有机认证产品证书共407本，有机茶认证占47.4%。在有机茶认证类型方面，截至2015年3月，全省共有有机茶认证证书193本，其中有112本属有机认证，占58%，81本属有机转换认证，占42%。有66家企业开展有机茶认证工作，认证面积1 882.4公顷，认证鲜叶产量5 647.1吨，占鲜叶总产量的60%，认证加工产量1 090.9吨，占有机茶加工总产量的68.6%。有52家企业开展有机转换认证工作，认证面积1 252.6公顷，鲜叶产量3 757.8吨，占鲜叶总产量的40%，认证加工产量498.9吨，占加工总产量的31.4%。

表3　2014年福建省各认证类型的有机茶企业数量及生产情况

认证类型	认证企业		认证面积		认证证书		认证鲜叶产量		认证加工产量	
	数量（个）	占比（%）	数量（公顷）	占比（%）	数量（本）	占比（%）	数量（吨）	占比（%）	数量（吨）	占比（%）
有机认证	66	55.9	1 882.4	60	112	58.0	5 647.1	60	1 090.9	68.6
转换认证	52	44.1	1 252.6	40	81	42.0	3 757.8	40	498.9	31.4
合计	118*		3 135.0		193		9 404.9		1 589.8	

注：* 由于有些企业同时存在有机和有机转换生产，因统计口径不同，所以在统计从事有机茶生产企业数量时有不一致之处。

2012年3月至2015年3月，全省有机认证证书还未到期被撤销的有8本，涉及茶业企业5家，其中3家是有机认证，2家是有机转换认证。累计涉及企业的鲜叶产量137吨、加工产量37吨。被注销的证书有

21本，其中有机认证10本，有机转换认证11本。涉及茶业企业14家，其中8家是有机认证企业，6家是有机转换认证企业。累计涉及企业的鲜叶产量556.2吨，其中有机认证260.1吨，有机转换认证296.1吨；加工产量86.7吨，其中有机认证23.0吨，有机转换认证63.7吨。

3.发展有机茶园的重要性

福建山多地少，山地丘陵占全省土地面积85％以上，土壤类型以由花岗岩发育的红壤为主，抗侵蚀能力弱，加上福建每年台风雨季降雨强度大，因此存在很高的侵蚀潜在危险。福建省的水土流失严重除了与自然地理条件有关外，主要还与不良的人为因素有关，表现在以下几个方面：①过度开垦、毁林毁草导致大面积的生态林草植被土地退化。如福建省是食用菌生产大省，食用菌产业发展造成森林破坏引起的"菌林矛盾"十分突出并限制了该产业的发展。②经济林过度开发引起生态退化。如茶产业是福建省的九大支柱产业之一，茶产业的快速发展也造成茶叶主产区茶园水土流失严重。2010年，全省茶园面积达20万公顷，茶园水土流失面积超过6.3万公顷，被列为全国乌龙茶地理标志产品保护的区域却成了全省水土流失重点县。如铁观音地理标志的安溪是水土流失Ⅰ类重点县。③不文明的开发建设引起生态退化。如过度的矿山采挖、道路修建等建筑业的建设，这些缺乏水土保护措施、人为的扰动加速生态系统的破坏，导致水土保持功能严重受损，加剧水土流失。

茶园"跑"水、"跑"土、"跑"肥，导致土地退化，加剧区域旱涝灾害，恶化生态环境；再加上茶园的物种结构简单，生物多样性缺乏，害虫天敌的寄主单一而数量减少，从而导致茶树的抗病虫害能力减弱，严重影响茶叶的产量和品质，最终导致茶叶经济效益降低。

二、有机茶园套种食用菌技术

本部分主要介绍了适合有机茶园套种的一些食用菌：灵芝、大球盖菇、姬松茸、香菇、竹荪、黑木耳等的生物学特性及主要栽培技术。

（一）灵芝

灵芝是我国食药两用的大型真菌，灵芝多糖、三萜具有抗氧化、抗肿瘤、抗衰老、降血糖、降血脂、提高免疫力等主要功效，且几乎无毒副作用。

1.生物学特性

灵芝（图5）古称瑞草，也称赤芝、红芝，隶属于层菌纲非褶菌目灵芝科灵芝属。全世界有120多种，我国约90种，常规栽培种有赤芝、紫芝、黑芝、清芝等，主要分布在云贵高原、苏浙闽地区及东北、河北。

灵芝子实体可单生也可丛生。菌盖初期为圆形，直径10～20厘米；成熟的菌盖为圆形或扇形，颜色为灰褐色或黄白色；做成灵芝盆景的菌盖可以通过栽

图5 灵 芝

培技术达到约100厘米。菌柄长5～18厘米，棒状或球茎状，偏生或侧生，白色光滑，肉质坚实。

灵芝属高温型木腐菌类，常腐生在桦树、杨树和白松树等阔叶树的树桩、倒木及枯木上。菌丝生长的温度为15～30℃，最适宜温度为20～25℃；子实体生长温度为15～32℃，最适宜温度为20～28℃。菌丝生长阶段不需要光但需要新鲜空气，子实体生长阶段需要散射光。菌丝生长的pH为6.5～7.5，空气湿度以85%～95%为最适。

2.主要栽培技术

灵芝的栽培基质主要以农副产品或木材加工的下脚料为主要原料，如茶枝、桑枝、芒果枝、枇杷枝、薏苡秸秆、青蒿秸秆等。以茶枝屑代料栽培灵芝的配方研究，详细如下。

2008年底，在福州满堂香生态农业有限公司的生态茶园，将该茶园的茶树修剪树枝晒干后粉碎，选择新鲜、无虫蛀、无霉变的茶枝。将粉碎茶枝按照表4中配方做成灵芝培养基，培养基含水量为65%～70%，pH为5.0～6.0。灵芝品种为政和县食用菌试验站提供的韩芝1号（属赤芝类）。

表4 供试培养基

培养基配方组	各配料比例（%）					
	木 屑	五节芒	麸 皮	红 糖	石膏粉	过磷酸
A	80(茶枝屑)	8	10	1	0.9	0.1
B	70(茶枝屑)	18	10	1	0.9	0.1
C	60(茶枝屑)	28	10	1	0.9	0.1
D	50(茶枝屑)	38	10	1	0.9	0.1
CK	78(杂木屑)	10	10	1	0.9	0.1

将5个配方分开堆成5堆，分别搅拌均匀，选用17厘米×35厘米×0.05厘米规格的高压聚丙烯塑料菌袋装袋(每袋干料约350克)，用常压蒸汽灭菌法灭菌约30时，灭菌后5～8时待菌袋冷却后将备好的菌种进行接种，菌袋横向均匀打3个接种孔。接种前对接种室进行消毒（喷洒高锰酸钾或食品级的过氧化氢），接种过程要检查菌袋是否破损，然后用酒精消毒，所有灭菌的菌袋需当天全部完成接种（图6）。接种后置于室内培养室按常规进行

避光培养，室温控制在20～28℃，空气相对湿度65%～70%。观察菌丝的生长情况，若有杂菌出现，应及时将感染杂菌的菌袋移开。当菌丝长满菌袋时进行出芝管理，采用室外阴棚覆土出芝的常规管理，观察子实体和孢子的生长情况，若有杂菌或病虫害出现，要及时处理或防治。

培养料准备　　　　　　　　拌匀培养料

培养料装袋　　　　　　　培养料装袋后摆放

盖好塑料薄膜准备灭菌　　　灭菌后摆放准备接种

图6　灵芝栽培料制作过程

表5是不同培养基的灵芝菌丝生长情况。可以看出，以茶枝屑为培养基的灵芝菌丝生长速度比CK组

的慢，长满全袋时间慢7～14天；但菌丝生长状况均正常，染菌率小于2.5%，与杂木屑培养基的基本一致。在4个不同茶枝屑代料培养基中，随着茶枝屑量的增加，灵芝菌丝生长速度随之下降。如D组第六天就开始吃料，42天后长满全袋；而A组生长最慢，第九天才开始吃料，长满全袋需49天。

表5　不同培养基的灵芝菌丝生长情况

试验组	开始吃料时间（天）	长至1/4袋时间（天）	长至1/2袋时间（天）	长至3/4袋时间（天）	长满全袋时间（天）	菌丝状况	染菌率（%）
A	9	22	32	41	49	洁白、均匀	2.5
B	8	20	30	38	45	洁白、均匀	2.0
C	8	20	29	37	43	洁白、均匀	1.8
D	6	18	29	37	42	洁白、均匀	2.1
CK	4	14	23	30	35	洁白、均匀	2.4

注：时间为接种后时间。

表6是不同培养基的灵芝子实体和孢子生长情况。各培养基的灵芝子实体均能正常生长，芝形基本为肾形，偶见半圆形或近圆形，外观形态正常，色泽均匀一致，孢子均能产生，形态特征正常。从表6可以看出，与杂木屑培养基相比，第一潮茶枝屑培养基

的灵芝子实体的生长速度比CK组慢6 ~ 12天，而第二潮茶枝屑培养基的灵芝子实体的生长速度与CK组一样，均为19 ~ 21天。在4个不同茶枝屑代料培养基中，随着茶枝屑量的增加，灵芝子实体的生长速度第一潮相应下降。如第一潮采收时间D组为第五十六天，A组为第六十二天，相差6天，第二潮则一样为19 ~ 21天。各试验组的出芝率均在99.0%以上，染菌率为2.0% ~ 3.0%。

表6 不同培养基的灵芝子实体和孢子生长情况

试验组	原基出地时间（天）	菌柄形成时间（天）	孢子产生时间（天）	第一潮采收时间（天）	第二潮采收时间（天）	出芝率（%）	染菌率（%）
A	23	21	54	62	81	99.5	2.8
B	20	30	51	60	81	99.2	3.0
C	19	28	50	59	78	99.6	2.7
D	17	26	45	56	75	99.2	2.5
CK	15	23	43	50	71	99.1	2.0

注：时间均为菌袋下地后的平均天数。

表7是不同培养基的灵芝产量和质量。不同茶枝屑代料培养基的孢子平均干产量、平均生物学效率、子实体总产量及第一潮产量均不如CK组，为CK组的71% ~ 85%，第二潮产量与CK组基本一致；但子实体多糖含量却都高于CK组，第一潮高

10.1%～22.8%，第二潮高8.4%～19.5%。在4个不同茶枝屑代料培养基中，B、C、D组的灵芝子实体平均干产量、孢子平均干产量和平均生物学效率相差都不大，均无显著性差异，但都明显高于A组，而4个试验组的灵芝多糖含量则相差不大。

表7　不同培养基的灵芝产量和质量

试验组	子实体平均干产量（克/袋）			孢子平均干产量（克/袋）	平均生物学效率（%）	子实体多糖含量（%）	
	总产量	第一潮产量	第二潮产量			第一潮	第二潮
A	34.11c	25.42c	8.69a	3.67c	9.74b	6.88	5.75
B	37.54b	28.72b	8.82a	4.25b	10.72b	7.36	5.87
C	38.04b	29.00b	9.04a	4.17b	10.87b	7.18	6.01
D	38.08b	29.06b	9.02a	4.30b	10.88b	6.92	5.84
CK	44.69a	35.91a	8.78a	5.01a	12.77a	6.25	5.03

注：同列不同小写字母表示在5%水平上差异显著。

对5个配方的灵芝产量和质量进行比较分析（质量分析按中国药典规定的质量标准），灵芝菌丝不仅能在以茶枝屑为主的代料培养基上生长，而且均能正常出芝，产生孢子，子实体和孢子形态特征也与杂木屑代料栽培的灵芝一致。虽然茶枝屑代料栽培的灵芝生长速度和产量均不如杂木屑的，但栽培出来的灵芝多糖含量却高于杂木屑的，而多糖正是灵芝最主要的药理活性成分，因此茶枝屑代料可以栽培出品质更好的灵芝。在以茶枝屑为主的代料生产中，茶枝屑用量控制在70％以内为宜，同时生产上还应注意菌种的选育、驯化，因为茶枝屑代料栽培存在一个菌种适应的问题，这也是茶枝屑代料栽培的灵芝其生长速度和产量均不如杂木屑栽培的原因之一。因此，在实际生产中应进行灵芝菌种的选育、驯化，使其适应茶枝屑代料。

（二）大球盖菇

1969年，德国驯化栽培大球盖菇成功。20世纪80年代，上海市农业科学院食用菌研究所研究人员赴波兰考察后引进菌种，并在国内首次试栽成功，但没有被得到推广。近年来，福建省三明真菌研究所颜淑婉等的栽培研究取得良好效益。大球盖菇子实体中含有丰富的蛋白质、维生素、矿物质和多糖等营养成分，是欧美各国人工栽培的著名食用菌之一，也是联合国粮食及农业组织(FAO)推荐栽培的食用菌之一。

1.生物学特性

大球盖菇（图7）别名皱环球盖菇、皱球盖菇、酒红大球盖菇、裴氏球盖菇、裴氏假黑伞，属层菌纲伞菌目球盖菌科球盖菇属。

图7 大球盖菇

大球盖菇子实体单生、群生或丛生。菌盖直径5.5 ～ 15厘米，初期近半球形，后平展，葡萄酒红色至暗红褐色，表面平滑，有细纤维状鳞片，湿时稍黏。菌肉肥厚，白色。菌褶直生，近白色，后变深褐色或紫黑色，稍宽，褶缘有不规则的缺刻。菌柄长9 ～ 15厘米，直径1 ～ 4厘米，中实，后期中空，表面平滑，白色至淡黄褐色。菌环厚，膜质，环上有深沟纹，深裂或星形，易脱落。孢子紫褐色。

大球盖菇是一种好气性草腐真菌。菌丝和子实体生长过程需要良好的透气性。菌丝生长温度范围为5 ～ 35℃，最适温度为24 ～ 28℃；子实体生长阶段温度范围为4 ～ 30℃，最适温度为16 ～ 25℃。菌丝在含水量为65% ～ 80%的培养基上均能正常生长，最适含水量为65% ～ 75%；子实体生长发育阶段的空气相对湿度一般要求在85%以上，其中以

95％左右的相对湿度最适宜。菌丝在pH 4 ~ 11内均可生长，最适pH 5 ~ 8。菌丝生长阶段不需要光照，但子实体分化和生长发育阶段要求有一定的散射光。

2.主要栽培技术

大球盖菇的适种温度比较广，8 ~ 30℃均可以，因此在南方可以避开冬季低温和夏季高温而栽培两季。栽培方式有层架式栽培、畦式栽培和地坑式栽培等模式，栽培料可选用稻草、玉米芯麦草甚至木屑，但都必须覆土栽培。本书在有机幼龄茶园开展利用狼尾草栽培大球盖菇（图8）套种模式研究，套种两年后通过对茶树生长土壤肥力的主要限制因子及大球盖菇子实体的主要营养成分分析表明：套种后茶园土壤肥力的主要限制因子得到显著提升，其中套种后第二年有机质含量达3.68克/千克，比未套种大球盖菇（CK）的1.87克/千克提高了96.79％；全氮含量0.206克/千克，有效磷含量17.6毫克/千克，速效钾含量341.7毫克/千克，与CK相比分别提高了103.96％、165.15％、346.67％；大球盖菇子实体的营养成分均达到理想营养价值的标准。因此，利用"茶-草（狼尾草及豆科牧草）-菌（大球盖菇等食用菌）"模式构建有机茶园，可以达到茶叶种植高产优质的目的。

图8 大球盖菇栽培现场

（三）姬松茸

姬松茸不仅是一种含有丰富糖类和蛋白质成分的食用菌，更有许多药用功效。其含有的β-1,3葡聚糖与β-1,6天葡聚糖-蛋白质复合体有良好的抗肿瘤效果；β-天葡聚糖、异多糖、几丁质等能吸附和帮助排泄致癌物质，有防癌的效果；RNA复合体、多糖-蛋白质复合体有降血糖作用，能改善糖尿病症状；亚油酸等不饱和脂肪酸能降血压、降胆固醇，还能阻遏动脉硬化。

姬松茸原产于美国加利福尼亚州南部和佛罗里达州海边草地以及巴西东南部圣保罗市周边的草原，秘鲁等国也有分布。1992年，福建省农业科学院引进了该菌种，国内开始对姬松茸进行研究。

1.生物学特性

姬松茸（图9）又名小松菇、柏氏蘑菇、巴西蘑菇，属层菌纲伞菌目蘑菇（黑伞）科蘑菇（黑伞）属。

图9　姬松茸

姬松茸是夏秋发生的好气性草腐真菌，属中温偏高菌类。子实体粗壮，菌盖扁圆形至半球形，直径5～11厘米，表面被覆淡褐色至栗褐色的纤维状鳞片，盖缘有菌幕的碎片；菌肉厚，白色，受伤后变橙黄色；菌褶离生，较密集，初时乳白色，受伤后变肉褐色；菌柄圆柱状，中实，柄基部稍膨大，柄长4～14厘米，粗2～3厘米，菌环以上的菌柄乳白色，菌环以下的菌柄栗褐色；纤毛似鳞片；菌环着生于菌柄的上部，膜质，白色；孢子印黑褐色，孢子暗褐色，光滑，宽椭圆形至球形。

温度是栽培姬松茸的关键因素。姬松茸菌丝在10～33℃均能生长；最适生长温度22～23℃，菌丝粗壮，爬壁力强；19℃以下菌丝生长慢；29℃菌丝生长最快，但较弱，老化快。姬松茸于16～26℃室温均能出菇，以18～21℃最适宜，25℃以上子实体生长快，但菇薄、轻。菌丝培养基最适含水量为65%～70%，菌丝生长阶段适宜的空气相对湿度为65%～75%，子实体形成阶段空气相对湿度要求85%～95%。菌丝在pH 4.5～8.5内都能生长，最适为6.5～7.5。菌丝生长阶段对空气要求不高，菇房内空气的CO_2浓度一般维持在4 500毫克／升左右；出菇时需要大量的新鲜空气，菇房内空气的CO_2浓度应维持在1 200毫克／升以下。

2.主要栽培技术

姬松茸的栽培方式主要有袋栽、箱栽和床栽。根据3种栽培方式平均生物学效率的比较实验，结果表明：箱栽产量＞床栽产量＞袋栽产量。床栽产量比箱栽低，但是成本也低，方便省工，更适合国内栽培条件。因此，大面积推广应以床栽为主。另外，利用双孢蘑菇工厂化栽培设施，可以实现姬松茸的周年栽培（图10）。

图10 姬松茸栽培现场

姬松茸可用稻草、麦秆、甘蔗渣、木屑、棉籽壳等原料进行栽培，也可任选一种或几种混合，辅以牛粪、马粪、禽粪或少量化肥。本书用稻草、五节芒和圆叶决明作为培养料，采用返生态床栽方式对3种培养料栽培姬松茸的营养品质做了初步研究，结果表明：五节芒培养料的产量与多糖、必需氨基酸含量均高于稻草培养料和圆叶决明培养料，不饱和脂肪酸和氨基酸总量稍低于稻草培养料，但差异不显著；圆叶决明培养料的单不饱和脂肪酸(C18 ： ln9c)即油酸含量明显高出五节芒培养料14.9倍，高出稻草培养料16.4倍。姬松茸栽培过程如下。

姬松茸是夏秋发生的草腐真菌，具有较强的木质素分解能力。返生态野生栽培技术指的是采用人工接种培养大量菌丝体，菌丝体成熟后将其返回林地、草原等适宜食用菌生长发育的地方，在全天候的自然温度、湿度、通风、光照的环境中培养出菇，采收子实体的栽培方式，其最大特点就是不受品种和技术的限制。试验通过对姬松茸子实体的产量、脂肪酸和氨基酸等主要营养品质的比较分析，为返生态野生栽培姬松茸生产上选择的培养料及生态循环栽培技术提供了新模式。

试验安排在福州市晋安区宦溪镇创新村，将稻草、五节芒和圆叶决明3种培养料按表8中配方编成1、2、3号。3个配方分别堆一堆，每堆均按配方比例堆料250千克，堆料加适量水混合均匀，堆实后盖上薄膜，每天中午掀开薄膜透气1时。第一次翻堆时间在建堆后7天，翻堆时用温度计测量并记下堆料中心温度，正常应达到65 ～ 70℃；共翻堆4次，每次翻堆时间比上次缩短1天；并在第三次后观察气生菌丝的生长，最后1次翻堆加1%生石灰与堆料混合均匀后准备铺料播种。

表8　培养料配方

配　　方	培养料比例
1	稻草50%+羊粪50%

（续）

配 方	培养料比例
2	五节芒50%+羊粪50%
3	圆叶决明50%+羊粪50%

在预先准备好的试验地上搭建竹棚，在棚架上盖遮阳网。每个试验配方设3个重复，每个重复小区面积为1米²。菌种由福建仙游姬松茸生产农户提供且已经过日本有机认证。每平方米用10袋菌种和25千克培养料，铺料分3层铺：底层铺10厘米堆料，均匀播上菌种；中层铺8厘米堆料，再均匀播上菌种；上层再铺7厘米堆料，覆土3～5厘米，浇保湿水。在覆土后7天左右可以观察到姬松茸菌丝体已长出土层，10天左右浇第一次出菇水，再过3天浇第二次出菇水，然后采第一潮菇。浇第二次出菇水后的7～10天是第一潮菇的出菇高峰期，早晚各及时采收1次。从6月5日开始采菇，一直采到10月中旬，共5潮，产量及分析见表9、表10。

表9 不同配方对姬松茸子实体产量鲜重的影响

单位：克

配 方	第一潮	第二潮	第三潮	第四潮	第五潮	合 计
1	2 450.0	1 763.8	1 714.3	549.2	775.0	7 252.3
2	1 818.0	1 808.9	469.1	2 462.4	1 925.0	8 483.4
3	682.0	682.0	270.0	972.5	1 550.0	4 156.5

表10　不同配方对姬松茸子实体产量的分析

配　　方	栽培面积（米²）	总产量（克）	平均产量（克/米²）	平均生物效率（%）
1	3	7 252.3b	2 417.4b	29.4b
2	3	8 483.4a	2 827.8a	33.9a
3	3	4 156.5c	1 385.5c	19.0c

注：同列不同小写字母表示在5%水平上差异显著。

姬松茸主要营养品质的测定方法：用气相色谱分析子实体脂肪酸组分；以葡萄糖(110833‑200503，中国药品生物制品检定所)为对照，用UV‑1800型紫外可见分光光度计(日本岛津公司)测定多糖含量；用酸水解法利用氨基酸自动分析仪测定子实体氨基酸含量。用SPSS13.0软件对试验数据进行统计分析，不同小写字母代表处理间差异显著($P<0.05$)，不同大写字母代表处理间差异极显著($P<0.01$)。

从表11—表14数据分析可以得出，用五节芒为培养料的子实体多糖、必需氨基酸含量均高于稻草培养料和圆叶决明培养料，不饱和脂肪酸和氨基酸总量稍低于稻草培养料，但差异不显著。因此，可以用五节芒为培养料进示范试验以在返生态野生栽培实际生产中推广。

表11　不同配方姬松茸子实体多糖含量

配　　方	浓度[（微克·米）/升]	625纳米吸光度	取样量（克）	多糖含量（%）
1	112.321	0.996	2.005	5.03b

（续）

配　方	浓度 [（微克·米）/升]	625纳米 吸光度	取样量（克）	多糖含量 （%）
2	100.927	0.891	2.005	5.60a
3	107.112	0.943	1.993	5.37a

表12　不同配方姬松茸子实体氨基酸含量

单位：%

氨基酸	1	2	3
*苏氨酸(Thr)	1.12	1.11	1.04
*赖氨酸(Lys)	1.60	1.61	1.46
*亮氨酸(leu)	1.68	1.72	1.61
*异亮氨酸(Ile)	0.84	0.90	0.84
*缬草氨酸(Val)	1.37	1.39	1.32
*苯丙氨酸(Phe)	1.27	1.32	1.16
^精氨酸(Ar克)	1.92	1.75	1.62
^组氨酸(His)	0.54	0.54	0.49
天门冬氨酸(Asp)	2.24	2.37	2.15
丝氨酸(Ser)	1.06	1.14	1.01
谷氨酸(克lu)	3.49	3.44	3.43
甘氨酸(克ly)	1.32	1.30	1.23
丙氨酸(Ala)	2.03	2.07	1.88
胱氨酸(Cys)	0.27	0.25	0.23

（续）

氨基酸	1	2	3
甲硫氨酸(米et)	1.83	1.53	1.43
酪氨酸(Tyr)	0.59	0.62	0.56
脯氨酸(Pro)	1.08	1.13	1.06
总量	24.25aA	24.19aA	22.52bB

注：*必需氨基酸；^半必需氨基酸。

表13　不同配方姬松茸子实体脂肪酸组分

单位：%

配　方	肉豆蔻酸	棕榈酸	硬脂酸	油酸	亚油酸	木质素酸	其　他
1	0.5	14.5	2.5	1.0	73.0	0.3	8.1
2	0.3	15.1	3.7	1.1	71.5	0.7	7.6
3	1.1	20.1	3.9	16.4	48.4	未检出	9.2

表14　脂肪酸组分数据分析

单位：%

配　方	饱和脂肪酸	单不饱和脂肪酸	多不饱和脂肪酸	不饱和脂肪酸	饱和脂肪酸：单不饱和脂肪酸：多不饱和脂肪酸
1	17.0bB	1.0bB	73.0aA	74.0aA	17：1：73
2	18.8bB	1.1bB	71.5aA	72.6aAB	17：1：65
3	24.8aA	16.4aA	48.4bB	64.8bB	1.5：1：3

从表 13 中可以观察到，圆叶决明培养料的单不饱和脂肪酸 $(C18:1n9c)$ 即油酸含量是五节芒培养料含量的 14.9 倍和稻草培养料的 16.4 倍。不饱和脂肪酸具有防癌、脱胆固醇、抗血栓等作用，有研究发现过多摄入多不饱和脂肪酸 (PUFA) 会对人体产生不良影响，并易产生脂质过氧化物 (LPO) 而导致衰老，因此在不饱和脂肪酸的摄取过程中要注意有一定的单不饱和脂肪酸 (MUFA) 摄入量。从人类科学摄取不饱和脂肪酸的营养角度考虑，由于圆叶决明培养料的子实体不饱和脂肪酸中含有高于稻草培养料和五节芒培养料十几倍的单不饱和脂肪酸 (MUFA)，因此在下一步试验中可以将五节芒和圆叶决明按一定比例制作培养料，进一步研究其姬松茸子实体的不饱和脂肪酸的组分百分比，为返生态野生栽培生产姬松茸提供合理的培养料配方。

以福建道地药材瓜蒌棚下返生态野生栽培生产姬松茸的模式计算经济效益。从表 15 中可以计算出用返生态野生栽培方法每亩可以产出的净利润（配方 2 返生态野生栽培姬松茸每亩按实际栽培面积 0.5 亩计算，扣除菌种和培养成本）：$84.9 \times 60.0 - 2\,500.0 = 2\,594.0$ 元。除此之外，栽培完姬松茸的下脚料可以在瓜蒌种植地作有机肥，减少肥料成本，培肥地力，达到可持续生产的生态循环目的，具有很好的生态意义。

表15 配方2返生态野生栽培姬松茸净利润估算

子实体鲜重(克/米²)	子实体干重(克/米²)	栽培面积(米²)	产量(千克/公顷)	单价(元/千克)	成本(元/亩)	净利润(元/亩)
2.83	0.28	300.0	84.9	60.0	2 500.0	2 594.0

注：子实体鲜重/子实体干重=10∶1；每亩瓜蒌棚下空地按0.5亩计算。

（四）竹荪

竹荪是一种食药用菌，营养丰富，含有21种氨基酸及丰富的维生素，被人们誉为"真菌皇后"。

1.生物学特性

竹荪（图11）又名竹笙、竹参、竹鸡蛋、蘑菇皇

图11 竹 荪

后、仙人笠、网纱菌等，属腹菌纲鬼笔目鬼笔科竹荪属。

竹荪子实体为灰白色或淡褐红色，中层为胶质，内层为坚韧肉质。成熟时包被开裂，菌柄将菌盖顶出，柄中空，高15～20厘米，外表由海绵状小孔组成；菌盖生于柄顶端呈钟形，盖表凹凸不平呈网格，凹部分密布担孢子；盖下有白色网状菌幕，长达8厘米以上；孢子光滑、透明，椭圆形。竹荪属好气性真菌，需在通气良好条件下生长。因光照对竹荪生长有抑制作用，故菌丝生长无需光照，子实体生长发育只需散射光即可。菌丝生长的温度为5～30℃，以10～18℃为宜；子实体的生长发育最适宜温度为22～25℃。竹荪喜微酸性、湿润环境，菌丝生长湿度为60%～70%，土壤pH 5.5～6.0，土壤含水率25%～30%，林中相对湿度一般应保持94%以上。

2.主要栽培技术

我国常见竹荪种类主要有长裙竹荪、短裙竹荪、红托竹荪、刺托竹荪等，刺托竹荪属高温品种，其余属中温品种，分布于海拔200～2 000米的热带、亚热带地区的竹林区。人工栽培可以选用竹屑、木屑、作物秸秆及野草如五节芒、芦苇等作为栽培基质；根据各地气候条件的不同，在田野、山场、林果园等空地，采取免棚开放式栽培，或者利用套种模式如"栝楼-竹荪""大豆-竹荪""毛芋／竹荪-水稻"等。在茶园套种可以借鉴大球盖菇的栽培模式。

（五）香菇

香菇在食用菌中受国际市场的欢迎程度仅次于双孢蘑菇，位居第二。其主要特点：需要偏硬质木屑基质；发菌时间长；生产周期长；必须经过转色；需要变温出菇；鲜菇香味较小，烘干后的香菇香味纯正。

1.生物学特性

香菇（图12）俗称香菌、香蕈或椎茸等，属于层菌纲伞菌目口蘑科香菇属。

图12　香　菇

香菇子实体单生或群生。菌盖正圆形，大的直径可达15 ～ 20厘米；菌肉厚实，色白，有特殊香味。

菌褶初为白色，弯生，生长后期变为肉褐色，正常的干香菇菌褶为嫩黄色。菌柄金圆柱形或稍扁，多中生，长3～6厘米、粗0.5～1厘米，内实，常发生鳞片，并在老熟后自基部开始逐渐木质化，常弯曲。

湿度是香菇生长过程中必不可少的环境条件，在不同发育阶段其对水分的要求是：菌丝生长阶段，培养料的湿度在55%左右，太低或太高都对菌丝的生长不利；子实体分化生长的水分也主要来自基质，基质含水量也直接影响其品质。香菇属变温结实的品种，温度与菌丝、子实体的形成及品质有密切关系，菌丝的生长温度为5～32℃，最适为24～26℃；依据子实体形成和正常所需温度基础划分成高温型（18～25℃）、中温型（10～22℃）、低温型（5～18℃），实际生产中以中低温菌株为主。菌丝和子实体的正常生长发育需通风良好，才能取得丰收，因此香菇不仅是好气性特点最明显的食用菌，也是需光性最强的食用菌之一，适宜的散射光是香菇生长的必要条件。香菇生长的pH为3.0～7.0，最适宜的pH为5.0～5.5。

2.主要栽培技术

香菇是熟料袋栽的食用菌品种，必须将袋料中的所有微生物活体杀灭后才能进行下一道生产工序。杀灭袋料中微生物活体的方法在生产上通常有2种方法：高压蒸汽灭菌法和常压蒸汽灭菌法。主要生产工序为：菌袋制作—菌袋灭菌—冷却接种—发菌管理—

转色管理—出菇管理—病虫害防治—采收及采收后管理。生产工序环节中的主要技术要点如下。

（1）菌袋制作。首先原料要新鲜、干燥、无霉变，过筛除金属及土石等杂质，颗粒适中、均匀；其次要均匀拌料，使原料的含水率在55%左右，pH 6.6 ～ 7.5；最后待原料冷却至30℃左右开始装袋，装袋要保证袋料松紧适中、料袋完好无破损、扎带紧实不漏气。

（2）菌袋灭菌。小批量生产采用常压蒸汽灭菌法，规模化生产则应采用高压蒸汽灭菌法。料袋的排列应呈"井"字形，保证蒸汽的均匀畅通，灭菌时间根据料袋的规格、原料颗粒的粗细及灭菌包的大小和蒸汽发生量控制在20 ～ 40时。灭菌后要冷却5 ～ 8时，待料袋温度降至40℃左右开始接种。

（3）接种操作。接种前要对接种室进行消毒，接种过程要检查料袋是否破损，然后用酒精消毒，接种孔排列呈梅花状"2‑1‑2‑1‑2"，孔深2 ～ 3厘米，孔距4 ～ 6厘米，接种完套袋扎好袋口放进消毒好的培养室（消毒方法同接种室）。

（4）发菌管理。根据季节的具体温度控制排放及码放高度，通过定时通风的方法来控制菌袋空间温度及CO_2浓度，防止烧菌发生；当菌种向周围辐射生长3 ～ 5厘米时要及时脱袋拔种、扎孔增氧，根据气温分散排列。

（5）转色管理。实行温度调控（温差10 ～ 20℃）、湿度调控（地面浇水、洒水、喷水，控制菌袋失水率为10%～20%)、通风管理(排CO_2增O_2)、光照管理(光照度可达2 000勒克斯),同时防止杂菌(乙醇)和虫害(硫黄或石灰水等),保证菌棒完全转色,色泽棕色且有弹性。

(6)出菇管理。生产上主要采用小高棚的栽培模式来保证生产出高质量的厚菇和花菇。在返生态栽培模式下,可采取林、茶套种香菇,利用林下或有机茶园高湿度、昼夜温差大及通风富含氧气等自然环境条件发展林下经济。出菇阶段主要包括摧蕾(堆积摧蕾、自然摧蕾、强光摧蕾、温差摧蕾)和育蕾(割膜和疏蕾)。

(7)病虫害防治。用高锰酸钾和100倍漂白粉液交替使用防治香菇病害(木霉病、青霉病、黑斑病、片菇病、褐腐病等),用200～300倍高效驱虫灵溶液防治虫害。

(8)采收及采收后管理。当香菇菌盖基本长大、边缘仍呈下卷态势(铜锣边)要及时采收,采收后要补水养菌以收获下潮菇。

(六)黑木耳

黑木耳在食用菌界被称为"中餐中的黑色瑰宝",无论产量还是质量,我国均稳居世界第一。黑木耳属胶质菌,子实体质地滑、嫩、脆、鲜,不仅是营养丰富的高级食品,而且是具有药用价值的保健食品,具有"素中之荤"的美誉。

1.生物学特性

黑木耳（图13）也称木耳、光木耳、云耳等，属层菌纲木耳目木耳科木耳属。

图13　黑木耳

菌丝体白色、绒毛状，由许多具横隔和分枝的管状菌丝组成，菌丝发育到一定阶段扭结成子实体。子实体单生或聚生，初时空心圆锥形、黑灰色、半透明，逐渐长成杯状，而后又渐变为叶状或耳状；侧生在基质表面，直径4～10厘米，厚度0.8～1.2毫米，胶质有弹性；既是繁殖器官，也是食用部分。

黑木耳属中高温型菌类，菌丝5～36℃均能生长，以23～28℃为最适宜；子实体生长温度为15～32℃，最佳温度为22～30℃。水分对菌丝及子实体的生长很重要，菌丝要求水分60%～70%为宜；

子实体相对要求较高，为85% ~ 95%。光照对菌丝和子实体生长没多大影响，但一定要保持空气通畅。pH控制在5.5 ~ 6.5为最佳。

2.主要栽培技术

黑木耳的典型特点：高温出菇；菌丝耐低温；子实体耐强光、耐干旱。栽培技术为熟料袋栽，可参考香菇的主要栽培技术。

主要技术流程：品种选择（抗逆性强尤其是抗低温）—做床（选择离水源近的地方，作畦规格：宽1.1 ~ 1.5米、高0.2米）—扎袋—割口与摆袋—温度管理—水分与湿度的把握—空气环境—害虫和杂菌的防治。

三、有机茶园套种草技术

本部分着重介绍有机茶园中套种草的生物学特性和主要栽培技术，并提出观赏绿肥的概念和观赏绿肥在有机茶园的应用。

（一）护坡草

在水土流失严重的区域，利用草本植物具有覆盖地表快、适应性强的特点，在侵蚀劣地种植可以快速覆盖地表，恢复侵蚀区植被，控制水土流失，培育和提高土壤地力，改善生态环境。因此，选择适宜的茶园护坡草并在茶园合理套种，对有机茶园的水土保持和生物多样性具有十分重要的作用。

1.百喜草

（1）生物学特性。百喜草（图14）别名金冕草、巴哈雀稗，属禾本科黍亚科黍族雀稗属。作为饲用植物引种至我国甘肃、河北、云南等省栽培，福建厦门也有引种栽培。百喜草为匍匐型禾本科草本植物，走茎发达，节间短簇密生；顶芽产生花序时，节间延长而成花秆；走茎生长时向四周蔓延，每年生长的长度为20～35厘米。百喜草为须根系，随着老茎蔓延，每节触土即生根，其根系水平分布60～80厘米，50%以上根系集中在表土层，根深可达地表下100厘米以上。叶片呈狭长形，长12～22厘米。种子细小，每克种子约350粒，种子被极厚的蜡质苞颖所裹，水分不易渗入，发芽率极低。

图14 百喜草

（2）主要栽培技术。百喜草于1963年引入我国台湾并广泛应用于水土保持工程中，80年代被引入福建，现被水土保持部门列为首选草本覆盖物。百喜草分为宽叶型和窄叶型2种，窄叶型较耐寒，是福建的主栽品种。经过多年茶园试种结果表明，百喜草具有耐酸、耐瘠、耐旱、耐践踏及中等耐阴等特性，可用于茶园护坡、护埂、顺坡草篱建设。

百喜草发芽率低、苗期生长慢，春季直播需经5～6个月才能建植。期间需除杂、追肥2～3次，但百喜草苗与杂草苗相似，除杂难度大，因此建议第一年集中育苗，翌年春季移栽。梯埂、顺坡草篱、缓坡地种植时，在坡面沿等高线犁沟或挖穴，株行距为20～30厘米，每丛2～4苗，施基肥后以三角形排列插植，5～10天即可返青，除杂、追肥2～3次，经2～3个月可建植。梯壁种植时，为避免挖穴破坏梯壁，可先在梯壁钻眼，眼深3～5厘米，株行距10～15厘米，眼内依次放入肥料土颗粒、少量土、百喜草苗，最后用土封眼。苗期施肥可将肥料溶于水后喷施于梯壁，做到量少勤施，经4～6个月可建植。6～8月百喜草抽穗开花，期间可刈割穗秆，进行茶园覆盖，利于土壤旱季保湿。

2.黄花萱草

（1）生物学特性。黄花萱草又名金针菜黄花萱草、柠檬萱草（图15），为多年生百合科萱草属丛生型草本植物。在我国分布于安徽、湖北、湖南、江苏、江西、内蒙古、陕西、山东、四川、浙江等地，其他地区有引种栽培，福建偶见栽培。根系分为肉质根和纤细根2类。根系丛生，不定根从短缩根状茎节处发生，主要分布在距地面20～50厘米土层内。株高30～90厘米。茎分地上假茎(花葶)和地下根茎2部分。花葶长80～130厘米，花葶从叶丛中抽出，顶端生总状或假二歧状圆锥花序，有花枝4～8个。果实为蒴果，长圆形有棱，长1.5～2.0厘米，直径约1厘米。果实三心室，每个果实含种子10～20粒。种子黑色有光泽，呈不规则棱形，光滑，干燥后有皱褶，凹凸不平，千粒重20～25克。黄花萱草地上部不耐寒，地下部耐－10℃低温，忌

图15 黄花萱草

土壤过湿或积水。旬均温5℃以上时幼苗开始出土，叶片生长适温为15～20℃；开花期要求温度较高，20～25℃较为适宜。

（2）主要栽培技术。①地点选择。黄花萱草对土壤要求不严格，耐贫瘠，适应性强，不管是黏壤土还是沙壤土均能生长良好，无论山坡还是平地都可以种植，但土壤肥沃有利于提高产量和品质。黄花萱草是多年生植物，应选择土层深厚肥沃、不积水的地块种植。②施足基肥。栽植时，先挖好深15～20厘米、宽20～30厘米的穴，每40穴施入腐熟猪牛粪50千克、复合肥1千克，施肥后与穴土拌匀。③苗根修剪。将生长5～6年的大丛黄花萱草头挖起，分割成2～4个单株为一丛备用，并剪去肉质根，只

保留1～2层新根，新根长4～5厘米，同时将"根豆"和根部的黑须剪掉。这样有利于栽后新根群的旺盛发育。④适时移栽。从采摘结束至翌年2月均可移栽，但以白露和立春2个节气移栽较好。尤其是白露移栽，尚有充足的雨水和适宜的气温，植株能够进入2次长叶期，有利于分株繁殖；栽后成活率高，当年就可长出3～5个新芽，翌年即可有一定的产量。⑤合理密植。根据梯园的宽窄，采取单行或宽窄行栽植黄花萱草，适应性广，耐瘠薄，抗干旱，耐低温，对土壤、水肥要求不严格，根系比较发达，对保持水土有着良好的作用。另外，黄花萱草对空气中氟污染十分敏感，当空气受氟污染后，其叶尖端由绿变褐，可警示人们空气质量需要改善。

3.香根草

（1）生物学特性。香根草（图16）别名岩兰草，是禾本科香根草属植物。我国广东、海南、江苏、四川、云南、台湾、浙江等省份以及福建福州、厦门、诏安、云霄、漳浦等地有引种栽培，均能正常生长并开花结实。香根草是密集丛生的多年生草本植物，无主根，须根发达，密集呈网状，垂直入土深达2～3米，横向生长仅50厘米左右。地上着生0.5～1.5米的直立中空茎，茎叶最高可达到2米。叶片又长又窄，一般长约75厘米，宽8毫米以下。圆锥花序长15～30厘米，雌雄同体，栽培品种很少开花。

图16　香根草

（2）主要栽培技术。香根草为禾本科丛生型多年生草本植物，适应性很强，根系发达，耐贫瘠、耐酸，在土壤质量差的环境中可正常生长。叶富含挥发油，株高可达2米以上，根系发达，可入土2米，用于茶园陡坡、滑坡种植，具良好的护坡作用。

香根草种植以扦插为主，在4～10月选择阴雨天气进行扦插。扦插前在坡地开挖等高种植穴，行距30厘米，株距10～15厘米，穴内施复合肥80千克/亩，每穴扦插4～7株，浇水2天。种植80天后，可基本覆盖坡面。香根草株高达2米可进行刈割，刈割留茬30厘米，收获草料可用于茶树行间铺草。

4.圆叶决明

（1）生物学特性。圆叶决明（图17）别名圆叶山扁豆，是豆科决明属匍匐型多年生热带草本植物。我国江西、广东、广西、海南等热带、亚热带（红壤）及福建丘陵、山地地区有引种栽培。直根系，侧根发达，水平分布，范围甚广，根瘤量多，主要分布在0～20厘米土层。茎圆形，长45～110厘米，草层高45～60厘米，不攀缘。叶互生，叶片近圆形或倒卵形。总状花序，淡黄色。荚果为扁长条形，长20～45毫米，成熟时呈黑褐色。种子成熟度不一，易裂荚，黄褐色，呈不规则扁平四方形，千粒重4克。圆叶决明喜高温，4月开始生长，夏季生长最旺，7～9月生长最快，9月下旬至初霜前是种子成熟期。冬季遇霜冻地上部枯死，近地面的主茎及根仍能宿存，翌年4～5月可萌芽再生。

图17　圆叶决明

（2）主要栽培技术。圆叶决明以直播为主，喜温，亚热带播种时间4～5月。新垦茶园杂草少易建植，播前精细整地，播种量约1千克/亩，每亩可用10千克钙镁磷肥、6千克尿素、0.7千克氯化钾拌种作基肥。圆叶决明苗期生长慢，需中耕除草结合追肥1～2次，6～7月后生长旺盛，形成覆盖层，可抑制杂草生长。圆叶决明一年可收割2～3次，产鲜草约2 000千克/亩。

5.白车轴草

（1）生物学特性。白车轴草（图18）又名荷兰翘摇、白三叶草，属豆科车轴草属多年生温带型草本植物。我国除热带、寒带地区外，各地广泛栽培，并已逸生为野生。福建常见栽培，并已逸生为野生。主根短，侧根发达，多根瘤，根主要分布在地表20厘米土层。主茎短，基部分枝多，茎长30～60厘米，茎节着地生根，并长出新的匍匐茎向四周蔓延，侵占性强。头型总状花序，花梗较叶柄长，生于叶腋，花小而多，白色或带粉红色，花冠不脱落。荚细长而小，每荚有3～4粒种子。生长最适温度为19～24℃，宿根能越夏。

图18　白车轴草

（2）主要栽培技术。种子繁殖，育苗移栽。播种合适时期为秋季，但不迟于9月下旬。种子细小，播种前应整地精细，播种量0.5千克/亩。

白车轴草耐阴、耐踏、耐寒、不耐高温，是优质的牧草、绿肥和草坪草，可适于水土保持和观光园种植等。

6.爬地兰

（1）生物学特性。爬地兰（图19）又名铺地木蓝，为豆科木蓝属匍匐型多年生草本植物。我国主要在福建、台湾、广东、广西、云南等地种植。福建省于20世纪60年代引入爬地兰，试种结果表明该品种抗逆性强、耐瘦耐旱、病虫害少等。茎具匍匐性，节具不定根，主根粗大，可入土2米，侧根发达。爬地兰覆盖速度快，具良好的改良土壤、保持水土功能，适宜在闽南茶园及闽西、闽北低海拔茶园种植，用于

图19　爬地兰

梯壁、梯埂保护。该品种在闽西、闽北的中、高海拔地区不能安全过冬。

（2）主要栽培技术。爬地兰在福建大部分地区因开花结荚正值霜期，很少结实或不结种子，以无性扦插繁殖为主。在3～10月选择阴雨天气进行扦插。扦插前在梯壁、梯埂等高开挖"品"字形种植穴，行距10～15厘米，株距30厘米，施基肥复合肥10千克/亩、钙镁磷肥25千克/亩。选择生长旺盛、枝条粗壮的作为扦插条，插条含2～3个节，15厘米左右。扦插时1～2节入土，1节留地面，盖土压实。扦插后5～7天返青，苗期除草1～2次，追施氮肥3.5千克/亩，经60～70天可建植。在7月、10月刈割2次，刈割留茬30厘米，用于茶树行间铺草或结合中耕施肥压青。

（二）观赏绿肥

1.观赏绿肥的概念

观赏绿肥是具有观赏价值，同时对土壤具有水土保持和培肥效果的植物总称。观赏绿肥是在果茶园中种植的具有观赏效果的绿肥植物，它同时具有改良土壤、美化环境的作用，还可降低观赏果茶园的生产和建设成本。

从学术分类上，观赏绿肥归属于绿肥作物，是绿肥下面的一个子类，但在部分具体的植物品种上，有时选用的植物对土壤的培肥效果可能不太好，在严格意义上不是典型的绿肥植物。

观赏绿肥与传统绿肥相比，更注重观赏效果，而对生物生长量和土壤培肥效果等方面的要求可以相对降低。

2.观赏绿肥的主要品种

观赏绿肥根据生长周期分一年生、多年生等；根据观赏部位可分为观叶、观花、观果、整株观赏等不同类型；根据茎种类可分为草本、木本、藤本等。依据生长环境分为道路边、行间、林下、立体栽培等不同套种环境要求。表16中列举了一些可供利用且相对容易栽培的观赏绿肥，并根据它们的特点进行初步整理。

表16　一些可供应用的观赏绿肥

名　称	主要特性	应用途径
紫云英	二年生、豆科	观叶、观花、饲用、菜用
紫花苜蓿	多年生、豆科	观叶、观花、观果、饲用
油菜	一年生、十字花科	观花、菜用、榨油
金花生	多年生、豆科	观叶、观花、饲用
野豌豆	多年生、豆科	观花、饲用、菜用、药用
白车轴草	多年生、豆科	观叶、观花、饲用
马鞭草	多年生、马鞭草科	观花、药用
芝樱	多年生、花荵科	观花
向日葵	一年生、菊科	观花、食用、榨油
野菊花	多年生、菊科	观花、药用
蒲公英	多年生、菊科	观花、菜用、药用

（续）

名　称	主要特性	应用途径
紫叶甘薯	一年生、旋花科	观叶、菜用
玉米	一年生、禾本科	观花、观果、食用、饲用
苋菜	一年生、苋科	观叶、菜用
凤梨	多年生、凤梨科	观叶、观果、食用
菊苣	多年生、菊科	观花、药用
印度豇豆	一年生、豆科	观叶、饲用
百喜草	多年生、禾本科	观叶、饲用
黑麦草	多年生、禾本科	观叶、饲用
圆叶决明	多年生、豆科	观叶、观花、饲用

3.观赏绿肥在有机茶园的应用

有机茶园的山顶、山腰、山脚、陡坡以及主要道路和沟渠旁边为封禁区域，禁止开垦种茶。将这些封禁区域及茶园退茶还林、还草的部分区域，通过景观规划，根据位置的不同划分成不同功能区，按不同功能区种植物观赏树种、观赏绿肥，把有机茶园打造成景观茶园（图20），将茶产业与旅游文化产业结合起来，促进茶产业从第一产业向第三产业升级转变。

根据生态茶园"头戴帽、腰系带、脚穿鞋"的要求，把"戴帽区"划分为主要景观区。以乔木、灌木和观赏绿肥套种形成具有不同季象、颜色鲜艳的立体景观，乔木可以选择银杏，灌木则选杜鹃花或玫瑰花，观赏绿肥如羽扇豆、薰衣草等。

图20 景观茶园

茶园的"腰带区"是茶园的梯壁，是水土流失最严重的区域，将之划分为水土保持区，可以选择种植百喜草或黄花萱草等植物，利用它们的根系来减少梯壁水土流失。主干道、支路和沟渠旁划分为景观修饰带，以木槿、樱花树、红枫等乔木间隔有序种植，乔木之间间种杜鹃、红花檵等观赏灌木。

"穿鞋区"位于最低处，划分为肥水流失吸纳区。由于雨水的冲刷，在茶园的山脚下开辟适量的地方整成平地，种上观赏绿肥或牧草来吸纳流失的水土和养分。吸纳区的观赏绿肥可以选择油菜花、金花生、黑麦草、白车轴草、菊苣、向日葵等。

4.套种绿肥对茶园杂草群落结构的影响

杂草与茶树争水、争肥、争空间、争阳光，影响茶树的正常生长，是新开垦茶园和幼年茶树的主要生态限制因子。

茶园人工除草耗工多、劳动力成本高，持续无草害时间短，仅10～20天。应用绿肥来控制杂草不是为了消灭杂草，而是使杂草群落保持在不影响或少影响茶树生长的允许范围内。本书以圆叶决明为例进行说明。套种圆叶决明1～2年，茶园全年杂草鲜重较常规处理（人工除草）下降53.7%～59.2%，其中春季杂草鲜重下降59.9%～93.7%，夏季杂草鲜重下降41.1%～46.8%，秋季杂草鲜重下降71.3%～71.4%。圆叶决明为喜光植物，与处于相同或相近生态位的杂草种群产生竞争，是杂草群落发生、发展受限制的主要原因。如何让绿肥率先占据茶行，是绿肥控制茶园杂草的关键技术。套种圆叶决明1～2年，茶园春季和夏季杂草群落辛普森多样性指数和香农-维纳多样性指数无明显变化，对杂草群落的均匀度指数亦无明显影响。圆叶决明为热带牧草（绿肥），在闽北生长时间为5～12月，在时间上与春季杂草有不同的生态位，所以套种圆叶决明对春季杂草群落的干扰最小。夏季圆叶决明生长旺盛，虽然不同处理杂草群落多样性指数无明显变化，但是套种圆叶决明影响一些杂草种群的消长变化，如马唐相对多度明显下降，通泉草相对多度明显上升，而且随套种时间的延长，消长变化趋势更加明显。套种圆叶决明对茶园杂草群落干扰在秋季表现尤为明显，茶园套种1年、2年秋季杂草群落辛普森多样性指数和香农-维纳多样性指数分别提高了0.187～0.431个单位和0.567～2.312个单位，均匀度指数提高了0.187～1.004个单位。生态系统中群落多样性的相关指标会随着季节变化有所波动（起伏），但起伏过大则有损系统的稳定性。常规处理茶园秋季杂草群落多样性指数和均匀度远低于春季和夏季，套种圆叶决明后多样性指标和均匀度随季节变化的波动小。

与铺草不同，套种圆叶决明不仅能有效控制杂草生长，通过固氮作用促进茶树生长，还能发挥生物防治茶树病虫害的作用。圆叶决明草层高30～40厘米，基本不影响人行走，在闽北靠落地种子萌发完成翌年建植，种子萌发时间为4月下旬至5月上旬，迟于绿茶和岩茶的春季采摘时间。翁伯琦与黄毅斌研究表明圆叶决明固氮效率高，胡磊研究指出圆叶决明能够显著提高茶园放线菌数量和固氮菌数量。陈李林等研究间作牧草对茶园螨类生物多样性的影响，结果表明：圆叶决明叶片单宁含量为0.77%～1.01%，高于普通牧草，茶冠层和凋落层捕食螨的物种丰富度、有效多样性指数、个体数和绝对丰度显著高于茶园留草和除草。谷明通过研究假眼小绿叶蝉种群动态及其对不同绿肥的挥发性物质的行为反应，认为圆叶决明对假眼小绿叶蝉的招引活性显著高于茶梢。假眼小绿叶蝉和茶小绿叶蝉是危害茶园的重要害虫，活动性大，不易控制。在相对封闭的茶园生态系统中，如有机茶园，种群密度是相对稳定的，圆叶决明对该虫的引诱作用，有助于保护茶梢免遭采食；在相对开放的茶园生态系统中，如连片茶园，引诱作用会增加套种茶园假眼小绿叶蝉的虫口密度。

四、有机茶园茶–草–菌套种体
系的构建

本部分主要对茶–草–菌套种体系构建的技术路线
和主要技术研究进行总结。

（一）技术路线

茶–草–菌套种体系构建的技术路线如图21所示。

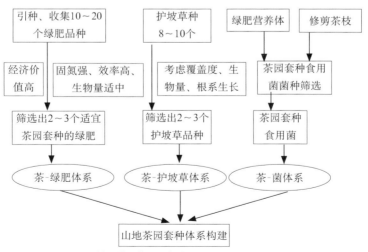

图21 茶–草–菌套种体系构建的技术路线

（二）主要套种技术

1.护坡草套种技术

针对不同地形如园面、梯埂、梯壁（图22），护坡草的播种时间、栽培管理、刈割时间和留茬高度等也不同。应选择高度中等、丛生、耐旱、耐贫瘠、根系发达、生长迅速、病虫害少、种子活力低的草种，种植于梯壁、梯埂形成植物篱，固持根部土壤，减缓水流对梯壁的冲刷。适宜福建茶园梯壁、梯埂种植的草种有百喜草、爬地兰、香根草。

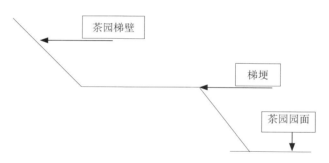

图22 茶园园面、梯埂、梯壁示意

（1）扦插苗（移栽苗）准备。百喜草可用育苗移栽法，爬地兰、香根草可用扦插法种植。

百喜草育苗应提前6～7周，选择疏松肥沃的土地作为育苗地，条播、撒播均可，播种量20～30克/米^2，45天左右成苗（3～5叶）用于移栽。

爬地兰的扦插苗应选用种植半年以上的基部至中部老茎，将老茎剪成20～30厘米长节，每节含2～3个腋芽。

香根草的扦插苗应选用种植半年以上的老丛，割去茎叶，留茬30厘米。将老丛带根挖起进行分株，每株含1～2个分蘖。

（2）开挖种植穴。在梯壁、梯埂等高开挖"品"字形种植穴，行距10～15厘米，株距30厘米，形成植物篱。梯埂设1条植物篱，梯壁设2条植物篱。遇松散土质的梯壁，应采用钻眼替代挖种植穴，眼深5～10厘米，直径3厘米，株行距15厘米×20厘米。每眼栽植1～2株扦插苗。

（3）施基肥。挖好种植穴后，准备好肥料，将肥料施入穴内，与土壤稍混。

（4）种植。百喜草可采用直接播种，播种量为3.0～5.0千克/亩，播种后覆盖细土2厘米。直接播种要求土壤湿润，同时播后2周内无中到大雨的天气进行，保证种子出苗又不被雨水冲走。

爬地兰、香根草要用扦插法种植，每穴栽植2～4株扦插苗或每眼栽植1～2株扦插苗。为提高覆盖速度和存活率，百喜草也可用育苗移栽法种植，移栽方法同爬地兰、香根草的扦插方法。松散土质的梯壁种植百喜草也要用育苗移栽法。

（5）追肥。出苗或返青后4周可开始喷施或浇施低浓度尿素，以提高覆盖速度。种植当年的尿素追肥量为5～10千克/亩。

（6）清除杂草。直接播种的百喜草在建植期间需清除杂草3～4次，移栽的百喜草和扦插的爬地兰、香根草需清除杂草1～2次。

（7）茶园留草技术。部分茶园周边植被丰富，茶园内自然生长的一些乡土植物，对茶树生长影响小，又有较好的固土覆盖效果，尤其是生长在梯壁的，应当保留与合理修剪（表17）。这些乡土植物有：苦楝、山苍子、五节芒、类芦、胡枝子、猪屎豆、截叶铁扫帚、鸡眼草、紫云英、野豌豆、地菍、积雪草、耳草等以及苔藓植物。在杂草、护坡草的生长高峰，选择晴朗天气，应用割草机或人工进行割草，并将草平整铺于茶园种植行，铺草厚度不低于5厘米，可以达到保水保墒的效果。

表17　茶园护坡草的割草时间与留茬高度

护坡草	割草时间	留茬高度（厘米）
杂草	结实前	5～10
圆叶决明	6月、8月、10月	15
白车轴草	4月	5～10
百喜草	6月、8月	5～10
爬地兰	6月、8月、10月	15
香根草	6月、8月、12月	30

2. 绿肥套种技术

绿肥可以根据在茶园套种地点的不同进行有目的

选择，如在茶园的园面上，要尽量选择豆科植物，利用其固氮作用增加茶园土壤的氮源，而在茶园的封闭区域如主干道路、沟渠等区域则可以考虑观赏绿肥，利用其美学价值增添茶园的景观色彩。

（1）有机茶园绿肥的选择。首先，绿肥的品种必须是非转基因的，这也是有机茶园所严禁的；其次，绿肥的株高必须矮于茶树，最佳高度为30～50厘米，且不能是藤本植物，最好是匍匐型；再次，绿肥必须是多年生的，这对劳动力成本越来越高的有机茶园来说，节约劳力十分重要；最后，绿肥本身不能散发出影响茶叶品质的味道，这一点很关键。

（2）套种技术。绿肥最好选择种子播种，这样比较节省劳力，种子播种的穴距可以根据绿肥品种、株型不同来考虑，如白车轴草的穴距可以为30厘米左右，圆叶决明则可以为50厘米左右。播种季节也要根据绿肥的生物学特性和茶园当地土壤的有效积温来决定，如圆叶决明在福建茶园播种时间一般在五月中上旬，生长季节一般在春末冬初，霜降后地上部就冻死；而白车轴草的生长季节是秋末至春末，无法越夏。因此，熟悉不同绿肥的生物学特性和当地的气象资料，掌握好播种茬口，可以利用绿肥增加茶园土壤有机质的同时控制茶园杂草的滋长。为了节约种子成本，提高出苗率，有些绿肥的种子要在播种前进行预处理，如圆叶决明的种子外层有角质层，这是种子在进化过程形成的一种保护层，因此在播种前要混合等量细沙进行磨种，或者用90～95℃的热水先浸种10

分钟，然后混合有机肥一起播种；最后还要根据绿肥的营养生长量，在其营养生长期适时刈割 1 ~ 2 次，保证茶园的通透性，减少病虫害的滋生。

3.食用菌套种技术

（1）品种筛选。食用菌的品种是否适应其栽培模式，对食用菌套种技术十分关键。

通过试验，对 10 个不同来源的灵芝栽培菌株的菌丝生长速度、生物转化率和多糖含量等方面进行了比较。各灵芝菌株对茶枝屑代料的适应能力差别很大，优势菌株的确定从菌丝生长状况、出芝率、生物转化率和多糖含量等方面综合权衡，试验结果表明，01 号菌株的菌丝生长速度最快，08 号菌株的生物转化率最高，06 号菌株的多糖含量最高，综合权衡灵芝的菌丝生长速度、生物转化率和多糖含量等指标，本试验筛选出 01、06 和 08 号（即韩芝 8 号、G10033 和 0786）3 个菌株为优势菌株，用于今后茶枝屑代料栽培的试验和生产。茶枝屑代料栽培灵芝，各菌株的菌丝生长速度、出芝率、生物转化率均不如杂木屑栽培。原因可能是茶枝屑含有多酚、醛类等抑菌成分，这些抑菌成分能显著抑制菌丝生长、出芝和生物转化。一旦灵芝菌株适应了茶枝屑代料培养基中的多酚、醛类等抑菌成分，菌丝就可以正常生长，但生长速度比杂木屑培养基慢。覆土栽培时，茶枝屑代料栽培的大部分菌株能正常出芝，产生和释放孢子，子实体的商品特征也与杂木屑栽培的灵芝一致，但出芝率和生物转化率均显著下降。菌株不同，其对茶枝屑中的多酚、醛类等抑菌成分的适应能力也不相同，导致出芝率和生物转化率的差异悬殊。虽然筛选出适应茶枝屑代料栽培的灵芝优势菌株，但每个菌株最佳的培养基配方可能会有所不同，这需要做进一步的筛选和研究。研究发现，茶枝屑代料培养基可以栽培出品质更好的灵芝，但生物转化率较低，均在6%以下。如何提高茶枝屑代料栽培灵芝的生物转化率，生产出品质好、产量高的灵芝产品，是今后研究和生产的重点和方向。

（2）茬口的合理安排。在有机茶园套种食用菌，关键技术之一是食用菌套种后生长与采收时间要和茶叶的采收时间错开，即茬口的合理安排。福建不同地区由于茶叶的采收时间和加工茶叶种类的不同，食用菌的套种茬口有所区别。如武夷山是种植闽北乌龙茶的，有机茶园一年在春季清明前后采收一次，其余时间就是茶园的施肥、病虫草害及茶树树冠修剪管理等。因此，在武夷山有机茶园套种食用菌如灵芝，可以在采茶后结合茶园的除草与施肥等农事活动进行套种，然后等灵芝采收后，菌渣直接返还茶园作有机肥。在闽南的安溪铁观音有机茶园，一年要采收两次，尤其是秋茶的采收更为重要，所以套种的食用菌就要选择生长期在春茶采收后和秋茶采收前的，以不影响茶园的采收。因此，茬口的安排要结合茶园的农事活动尤其是茶叶的采收时间，选择合适的食用菌品种。

4."茶-草-菌"套种技术

自2016年起，在平和天醇茶场示范"茶-草-菌"套种技术，即在梯壁、园面等不同区域套种保水固土的经济作物黄花萱草（台东6号）和绿肥（圆叶决明86134），将修剪的茶枝、绿肥组配为灵芝培养料并在茶园园面套种，灵芝收获后菌渣回归茶园作为有机肥，达到改善茶园生态、循环再生、有效利用，实现有机栽培、培土增收的效果。

（1）"茶-草-菌"套种体系。

套种黄花萱草：根据梯壁高度选择单行或双行种植，单行种植在梯壁上沿往下20～30厘米处挖穴，穴距50厘米，每穴1～2株，每亩2 000株。黄花萱草开花后不能食用，因此要在花蕾开放前1～2时及时采收（图23）。

图23　茶园套种黄花萱草

　　套种绿肥：5月上旬，在茶园梯壁上距茶树40厘米处挖穴播种，穴距50厘米，每穴4～5粒，播完覆土即可，每亩用圆叶决明种子500克。可在10月下旬刈割圆叶决明，晒干作为食用菌培养料，也可翻埋入土或直接覆盖在茶园梯壁上（图24）。

图24　茶园套种圆叶决明

　　套种灵芝：在茶园梯壁靠近茶树处结合施基肥开沟，沟深约20厘米，将灵芝菌棒外面的塑料袋脱掉直接摆放在沟里，然后覆土，每亩300袋。约40天后灵芝开始出土，摘除多余小灵芝，保证每袋出灵芝1～2朵即可。在灵芝成熟时及时采收、晒干或烘干。采收后的灵芝菌棒直接留在茶园土壤中，以培肥土壤（图25）。

图25　茶园套种灵芝

（2）配套技术集成与示范。通过科学施肥、菌渣无害化回园、化肥减量化、病虫害防控的集成，实现提高茶叶产量、改善茶叶品质、降低农残、增加茶农收益的目标。

图书在版编目（CIP）数据

有机茶园茶-草-菌套种技术 ／ 韩海东，黄毅斌，黄秀声主编.—北京：中国农业出版社，2020.5
（农业生态实用技术丛书）
ISBN 978－7－109－24800－7

Ⅰ．①有… Ⅱ．①韩…②黄…③黄… Ⅲ．①无污染茶园-套作-牧草②无污染茶园-套作-食用菌 Ⅳ．①S571.1②S54③S646

中国版本图书馆CIP数据核字（2018）第244026号

中国农业出版社出版
地址：北京市朝阳区麦子店街18号楼
邮编：100125
责任编辑：张德君 李 晶 司雪飞 文字编辑：史佳丽
版式设计：韩小丽 责任校对：沙凯霖
印刷：北京通州皇家印刷厂
版次：2020年5月第1版
印次：2020年5月北京第1次印刷
发行：新华书店北京发行所
开本：880mm×1230mm 1/32
印张：2.75
字数：55千字
定价：22.00元
